江湖淤泥固化处理
操作技术指导手册

主编　赖佑贤　闫晓满

中国水利水电出版社

www.waterpub.com.cn

·北京·

内 容 提 要

　　本书从介绍江湖淤泥固化处置技术出发，简单总结和介绍了江湖淤泥固化处置技术、工艺技术流程、主要设备与操作要点、淤泥固化质量控制以及处置系统运行维护与管理。

　　本书既可以作为江河湖库污染淤泥固化处置工程现场操作工人的培训指导用书，同时也可作为工程技术人员和现场管理人员的参考读本。

图书在版编目（CIP）数据

江湖淤泥固化处理操作技术指导手册 / 赖佑贤，闫晓满主编. -- 北京：中国水利水电出版社，2017.3
ISBN 978-7-5170-5267-8

Ⅰ. ①江… Ⅱ. ①赖… ②闫… Ⅲ. ①河流底泥－污泥处理－技术手册 Ⅳ. ①X522-62②X703-62

中国版本图书馆CIP数据核字(2017)第064286号

书　　　名	江湖淤泥固化处理操作技术指导手册 JIANGHU YUNI GUHUA CHULI CAOZUO JISHU ZHIDAO SHOUCE
作　　　者	赖佑贤　闫晓满　主编
出 版 发 行	中国水利水电出版社 （北京市海淀区玉渊潭南路1号D座　100038） 网址：www. waterpub. com. cn E-mail：sales@waterpub. com. cn 电话：（010）68367658（营销中心）
经　　　售	北京科水图书销售中心（零售） 电话：（010）88383994、63202643、68545874 全国各地新华书店和相关出版物销售网点
排　　　版	中国水利水电出版社微机排版中心
印　　　刷	北京瑞斯通印务发展有限公司
规　　　格	140mm×203mm　32开本　2印张　54千字
版　　　次	2017年3月第1版　2017年3月第1次印刷
定　　　价	**15.00元**

《江湖淤泥固化处理操作技术指导手册》
编写人员

主　　编：赖佑贤　　闫晓满

副 主 编：陈永喜　　赵志杰

参编人员：杜河清　黄锦城　肖孟富　陈　健　何　赟
　　　　　李东文

前　言

　　江湖淤泥污染是世界范围内普遍存在的一个重要环境问题。污染物通过大气沉降、废水排放、雨水淋溶与冲刷进入水体，最后沉积到淤泥中并逐渐富集，使淤泥受到不同程度的污染。当外源污染源得到控制以后，一旦江湖水体环境发生变化，沉积在淤泥中的氮磷营养元素、重金属和难降解有机物会重新释放出来进入水体，形成二次污染。此外，污染物质可直接或间接对底栖生物等水生物产生致毒、致害作用，并通过生物富集、食物链放大等过程，进一步影响陆地生物和人类健康。因而，对江湖等水环境的治理和保护、淤泥的环保清淤及无害化资源化处理处置已成为重要的问题。

　　淤泥环保清淤是江河、湖泊水环境改善与治理的前提，是生态环境修复和重建之必要条件。江湖清淤底泥又是具有利用价值的潜在资源，无害化资源化处置是其关键环节。深入研究富有创新性的高效处理淤泥技术，最终实现淤泥处理的减量化、稳定化和无害化以及淤泥资源化处置，有助于解决我国受污染江河湖库、淤泥淤积严重、淤泥物污染严重等问题；也可以解决诸如珠三角地区大量产生的废弃淤泥处理问题和海洋抛泥所造成的环境污染等问题。同时，淤积资源化利用也可以满足部分工程建设用土的需要。

　　我们引进、消化、吸收国外先进技术，并通过自主研发、系统集成的江湖淤泥固化处理技术，经过小试、中试和工程实践，成功地应用到江湖淤泥固化处理工程实践中，在工程的实践过程中，取得了满意的效果。我们在此基础上不断地对生产工艺技术进行改进，对机械设备进行优化组合，探索出了一条符合我国国情的淤泥固化处理技术系统，致力于使江湖淤泥固化处理走上标准化之路，为了便于今后的推广与应用，结合工程案例实际经验，我们编写了《江湖淤泥固化处理操作技术指导手册》，期待参与江湖淤泥固化处理的各级管理人员和具体操作人员等有关人员给予以指导和学习参考。

全书共分五章，其主要介绍了江湖淤泥固化处理技术、工艺技术流程、主要设备与操作要点、淤泥固化质量控制以及处理系统运行维护与管理等内容。本书既可以作为淤泥固化处理工程现场操作人员的培训指导用书，也可作为工程技术人员和现场管理人员的参考用书。

目 录

1 江湖淤泥固化处理技术简介

江湖淤泥固化处理技术融合了江湖污染淤泥的疏浚、预处理、处理和利用等多方面的技术，使江湖淤泥的处理集成化成为一个封闭系统，可以解决江湖淤泥处理过程中的疏浚、处理和利用等问题，本技术系统实现了全方位的淤泥环保疏浚、减量、无害和资源化利用的要求，满足了日益紧迫的江湖底泥疏浚和处置的要求。本技术系统设置有五大子系统：淤泥疏浚子系统、预处理子系统、拌和固化子系统、脱水固化子系统和淤泥土处置子系统。见图 1-1。

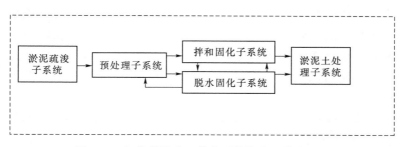

图 1-1　江湖淤泥处理技术系统构成及其关联性

1.1　预处理子系统

（1）淤泥的泵送。

将挖机疏浚的原生淤泥从运输船上送至淤泥处置场。淤泥泵送提高了整个淤泥处置过程的机械化程度，实现了淤泥处理的连续作业。

（2）淤泥垃圾剔除。

使用多级格栅滤除去河道淤泥中的生活垃圾和建筑垃圾。一级格栅滤除直径较大的生活垃圾和建筑垃圾，同时滤除面积较大的垃圾如塑料和纱布等；二级格栅滤除直径较小的生活垃圾和建筑垃圾以及那些条状的生活垃圾。

（3）多级淤泥沉淀池。

使用多级淤泥沉淀池对淤泥进行预处理。一级沉淀池将泥水比例为 1∶6 的淤泥泥浆泵送过来进行沉淀处理，将泥浆中 80％～90％ 的泥砂沉淀第一级沉淀池，并在这一级沉淀池上加设格栅装置，对泥浆中的大于 30mm 的垃圾进行剔除处置。然后将淤泥泥浆尾水从第一级沉淀池引入第二级沉淀池，并依次引入第三极沉淀池。含泥量少、颗粒极细的尾水送入脱水固化子系统处理；多级沉淀池淤泥泥浆送入拌和固化子系统处置。

1.2 拌和固化子系统

针对具有大尺度、大体积、长系列、开放型特点的流域江河与湖泊，对含水量相对较小、泥沙含量高、颗粒较粗的淤泥，根据淤泥处理工程应用要求，兼具较好的经济性和适用性，我们利用固化技术和手段来解决复杂环境下的淤泥问题。

淤泥固化处理及其拌和固化技术原理是运用土力学、水特性、力学特性和泥沙动力学基本原理研究淤泥组成特性。深入分析水泥、粉煤灰、生石灰的基本固化性质，试验优化研究新型淤泥固化剂配方、配比及其成品制作方法，深入检测新型淤泥固化剂的固结性能及其适应性和稳定性，进而从淤泥调理和淤泥固化两个技术层面研究淤泥高效固化技术工艺。应用自制淤泥固化剂，依据淤泥物理性质和水理特性配置调理材料，深度调理原态淤泥的内部特性，改变其组织结构和水分形态，激活淤泥固化剂的固化潜能，填充水化过程残存空间，提高固化体密实度。科学选用固化剂、添加剂，调和淤泥固化剂与调质材料的相容性（如淤泥颗粒电荷、电位），营造最佳固化环境，综合提高淤泥固化效应及其稳定性。

1.3 脱水固化子系统

对于含水量大、颗粒极细的淤泥浆体，为实现脱水固化一体化处理，淤泥脱水固化技术是在待处理的淤泥中添加专有絮凝剂、专有固化剂和部分调理剂，并对淤泥浆体实现调理，进而改变淤泥的内部水特性和力学特性，调节淤泥颗粒与水的亲和性能，减少水体阻力，压缩双电层厚度，增加自由水分量，营造淤泥浆体体系中的脱水环境，同时加入淤泥固化剂，利用固化剂与调理剂物理、化学反应过程的时间间隔，调整压滤进料发生过程与固化发生过程的时间效应，进而在一个压滤系统中同时实现淤泥脱水与固化。

1.4 淤泥土处置子系统

根据淤泥的性质和用途，资源化处理拌和固化子系统和脱水固化子系统处理后的淤泥固化土。

2 江湖淤泥固化处理技术工艺流程

2.1 淤泥理化处理及复合固化成套技术系统运行技术流程

　　针对广州市河道沉积物主要来源于地表径流、工业废水、生活污水以及大气沉降等带入，部分河道建筑垃圾和生活垃圾沉积严重，河道淤泥质地变化大，总体偏砂的客观条件，同时还考虑该技术的市场应用，在淤泥处理工艺的基础之上，并期望实现高效地处理和资源综合化利用，我们集成了拌和固化与脱水固化技术所构建的运行流程图。见图2-1。

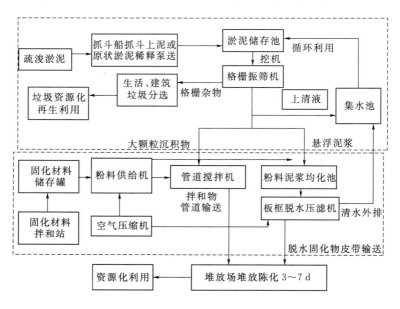

图2-1　淤泥理化处理及复合固化成套技术系统运行技术流程

2.2　淤泥理化处理及其拌和固化技术流程

淤泥理化处理及其拌和固化技术是一个拌和固化技术工艺，对于清除淤泥中泥沙含量多、垃圾分量高、含水率相对较低的河湖淤泥，直接适用。

淤泥理化处理及其拌和固化技术流程见图2-2。

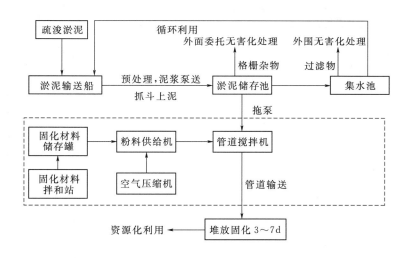

图2-2　淤泥理化处理及其拌和固化技术流程图

2.3　淤泥调理脱水固化处理技术流程

淤泥调理脱水固化处理技术是一个淤泥脱水、固化为一体处理的工艺，对于淤泥含量多、含水率高、有机物含量多清除量巨大的大江大河、大中型湖泊中淤泥，非常实用。

淤泥调理脱水固化处理技术是完成经过调理后的淤泥浆体的脱水与固化过程，其技术工艺流程见图2-3。

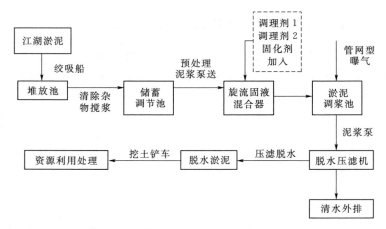

图 2-3 淤泥调理脱水固化技术的工艺流程图

3 江湖淤泥固化处理系统及主要设备介绍

3.1 淤泥理化处理及其拌和固化技术系统及主要设备

3.1.1 系统组成

淤泥理化处理及其拌和固化技术系统中的拌和固化技术工艺系统由四大板块构成：预处理系统、供料系统、拌和固化系统和淤泥土资源利用系统。其相互作用关系见图 3-1。各系统功能作用分别为：

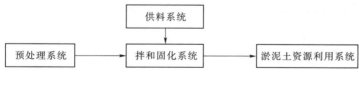

图 3-1 系统构成

（1）预处理系统。原态淤泥稀释与泵送、垃圾分离、泥水均化、淤泥沉淀分离。

（2）供料系统。淤泥固化剂、水泥、粉煤灰、石灰等。

（3）拌和固化系统。淤泥固化调理、淤泥拌和固化。

（4）淤泥土资源利用系统。淤泥陈化处理、淤泥土成型、淤泥土性质测定、淤泥土处置预案。

3.1.2 技术特点

淤泥理化处理及其拌和固化技术系统的主要特点分别为：

（1）将均化的可流动的淤泥通过管道搅拌机的搅拌使之与固化剂充分拌和，让固化剂能够发挥高效作用而达到固化淤泥的目的。

（2）能连续作业，自动化程度比较高，主体设备之间的连接是管道连接，容易实现半自动化施工。

（3）管道搅拌机采用单轴螺旋，设备的前部分为螺旋推进，后部分为搅拌，有机地将推进和搅拌功能组合在一起，减少了占地面积，提高了功效。

（4）与管道搅拌机配套的主要设备为粉料供应机，其供料系统是连续计量供料。实现了整个设备系统可连续作业的要求。

3.1.3 设备系统

依据淤泥理化处理及其拌和固化技术系统具体要求，研究了相应的设备选型及配备，优化了各个技术环节要求的设备效率，搭建了设备组合配套方案，形成了淤泥理化处理及其拌和固化设备系统，见图3-2、图3-3。成套设备配置见淤泥理化处理及其拌和固化工艺技术成套设备见表3-1。

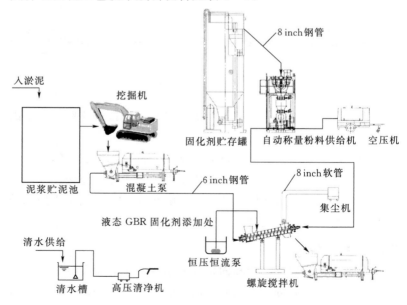

图 3-2 淤泥理化处理及其拌和固化工艺技术设备布局流程

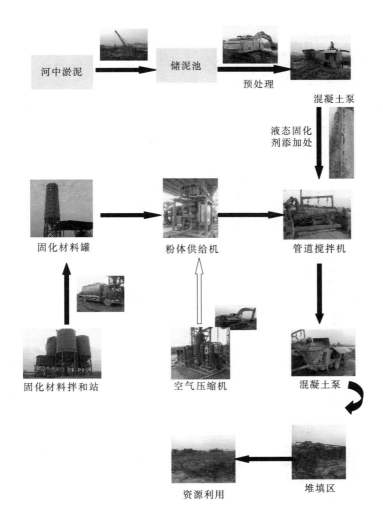

图 3-3 淤泥理化处理及其拌和固化工艺技术设备布局流程

表 3-1 淤泥理化处理及其拌和固化工艺技术成套设备表

序号	名 称	型 号	单位	数量
1	泥浆槽	20m³带防空截门 6B×10KFLG	台	1
2	抓斗车	原泥浆搅拌用 0.7m³级	台	1

序号	名　称	型　号	单位	数量
3	压力泥浆泵	吐出能力 20m³/h（MAX） 电缆线 10m	台	1
4	粉体压送机	HA-3 型，带 10m 电缆线	台	1
5	引擎式空压机	吐出空气量 7.5m³/min	台	1
		吐出压：0.69MPa 电缆线 10m		
6	管道搅拌机	TK-200 电缆线 10m	台	1
7	吸尘机	管道搅拌机用，带 10m 电缆 室外用 50m³/min	台	1
8	搅拌泥土输送皮带机	350B×2.5mL 型号，带电缆线 10m	台	1
9	高压水枪	机械冲洗，带 10m 电缆线	台	1
10	杂用水水泵	潜水泵 2B 型号，带 10m 电缆线	台	1
11	清水槽	10m³	台	1
12	发电机	125kVA 用于泥浆泵和管道搅拌机	台	2
13	机械组装、解体、投料用吊车	25t（随操作员）	台	1
14	器材	管材参照器材表	份	1
15	实验用固化剂	500kg×4 袋	式	1
16	成型模板	1m³×6 个	套	1
17	场地铺装器材	铁板 1.5m×3m×22m，2 张 防雨布	套	1
18	操作台架	有斜坡	套	1
19	操作盘	粉体供给机操作盘	面	1
		管道搅拌机操作盘	面	1
		其他周边机械用配电盘 5 个 （125A、100A、50A×2、30A）	面	1
20	校准砝码	20kg×10 个	套	1
21	焊接机		台	1

序号	名　称	型　号	单位	数量
22	切割机	含氧气罐	套	1
23	工具类		套	1

3.1.4　固化系统主要设备系统介绍

固化系统主要设备包括固化材料搅拌站、固化材料储罐、空气压缩机、拖泵、粉料供给机、管道搅拌机等。

（1）固化材料搅拌站。

固化材料搅拌站系统主要有以下相关设备构件组成：搅拌站（4个800t的罐，共3200t的最大容量）；20t的车罐以及罐车车身等。本系统的主要作用是用于淤泥固化材料的拌和，各种不同的固化材料在搅拌站搅拌均匀并计量后通过罐车运送到各个生产平台的固化材料储罐。固化材料搅拌站系统的主要技术参数如下：① 800t×4 散装粉料贮存、混合库，混合能力 150t/h；② 气化输送运输罐输送能力 60t/h，输送距离水平≤50m、垂直≤35m，装载量 20t。见图 3-4。

图 3-4　淤泥固化材料搅拌站

11

（2）固化材料储罐。

固化材料储存罐简称储存罐，储存罐同空气压缩机、粉体供给机配合使用，固化材料储存罐主要用于储存固化材料、给粉体供给机提供粉料，使整个淤泥处理系统保持稳定性、连续性。储存罐主要由容量为 200t 的罐身及底座等组成。见图 3-5。

图 3-5　固化材料储罐

（3）空气压缩机。

空气压缩机（英文为：air compressor）是气源装置中的主体，它是将原动机（通常是电动机）的机械能转换成气体压力能的装置，是压缩空气的气压发生装置。在淤泥固化处理系统中，空气压缩机的作用主要是用来调节系统内压力的大小，进而控制粉料的供给速率。见图 3-6。

（4）拖泵。

拖泵是一种可以拖行的混凝土输送泵，其基本构造由机械系统、冷却系统、润滑系统、液压系统与电气系统等主要部件组成。在淤泥固化系统中，淤泥及其淤泥固化土的输送主要依赖于拖泵，通过拖泵的泵送功能，淤泥及其固化处理土可被拖泵经由

图 3-6 空气压缩机

管道输送到远距离的位置。首先，拖泵把临时池的淤泥泵送到搅拌机系统，然后，经过搅拌机系统处理过的淤泥固化土再经由拖泵输送到固化土堆填区。见图 3-7。

图 3-7 拖泵

（5）粉料供给机。

粉料供给机采用的是 HA-3 型，其基本构造是可关闭卸式储料箱。通过可关闭底卸式储料箱可实现定量输送，这种可关闭式底卸式储料箱是经过现场反复试验研制而成。由上下 2 个高压底卸式储料箱组成，上下阀门交替开闭，向最下端的定量供应剂输送固化剂。与罐压送式粉料供给机相比，具有小型、输送固化剂容量大、稳定性好、精度高、使用高压输送等特点。HA-3型粉料供给机具有如下优点：

1）由于采用了可关闭式底卸式储料箱，使投入的材料可以通过小型轻便的机器进行高压运送。

2）采用负载变压器的计算方式，同时使用了可关闭式底卸式储料箱，可以对固化剂的压送量进行累计计算管理，实现高精度的压送管理。

3）在耐高压底卸式储料箱内，阀门式粉料定量供给机安装有感应器，运行时控制在标准定量范围内，压送管路发生堵塞等时，压送机会停机，不会对主机造成影响。

HA-3 型粉料供给机在整个淤泥固化系统的作用是精确、连续、高效地供应粉料，确保淤泥固化比例和固化效果。见图 3-8。

（6）管道搅拌机。

在淤泥固化处理工艺技术的设备系统里，搅拌设备和固化剂的供给设备是系统的核心设备（统称搅拌设备机组）。要使固化剂能将淤泥中有害物质固封并改良淤

图 3-8　粉料供给机

泥土质结构成分的物理性能，使之达到"无害化"、"资源化"的目的，将淤泥与固化剂充分地搅拌和固化剂按规定供给是十分关键的环节。项目组选用的管道搅拌机系统能够将固化剂和河涌淤泥充分的拌和均匀，管道搅拌固化系统的优点如下：

1）连续供料，较易实现淤泥供料设备的配套。

2）搅拌机内有推进功能和搅拌功能，有效地克服了挂壁现象。

3）自动化、机械化的程度较高，搅拌的效率较高。

4）设备体积相对较小，设备的移动较方便。见图 3-9。

图 3-9　管道搅拌机

3.2　淤泥调理脱水固化处理技术系统

3.2.1　系统组成

淤泥调理脱水固化处理技术系统由五个系统构成：预处理系统、供料系统、理化均化系统、压滤系统、淤泥土资源利用系统。各系统功能作用分别为：

（1）预处理系统。原态淤泥稀释与泵送、垃圾分离、泥水均化、淤泥沉淀分离。

（2）供料系统。絮凝剂（专有产品）、固化剂（发明专利）、添加剂（化工产品）和水泥、粉煤灰、石灰等。

（3）理化均化系统。淤泥固化调理、淤泥曝气固化。

（4）压滤系统。淤泥压滤脱水与同步固结。

（5）淤泥土资源利用系统。淤泥陈化处理、淤泥土成型、淤泥土性质测定、淤泥土处置预案。

3.2.2 技术特点

淤泥调理脱水固化处理技术系统在实际应用中有别于现行的传统方法，主要在以下几个方面具有显著特点：

（1）整体实现淤泥"减量、稳定、无害、资源"化处置，并具有淤泥产业化发展的潜能。具体表现在：

减量：相对于河湖沉积体，体积减量高达 70%；

稳定：脱水固化后的淤泥土水稳定系数高于 82%；

无害：在任何环境作用下，暴晒、降雨和冰冻，淤泥土不再出现二次泥化；

资源：淤泥土可用作园林用土、道路基本、生态铺垫、建筑回填和堤防建设。

（2）淤泥调理脱水固化处理技术系统在实际应用中能够工厂化操作，淤泥脱水固化全程实现自动化操作和管理，生产与管理顺畅，对周边环境的影响很小，不碍民扰民。

（3）在实际应用中，淤泥调理脱水固化处理技术系统可以和淤泥的疏浚工艺系统实施对接，形成一条龙式的链条结构，使淤泥疏浚与淤泥的处理成为产业链。

（4）淤泥调理脱水固化处理技术系统完成一个淤泥处理工作流程用时不超过 60min，用时短、工作面小、贮存场地小，非常适应大都市如北京、上海、广州和中小型城市、城镇的淤泥处理。

（5）江湖淤泥疏浚与淤泥无害资源处理实时衔接，脱水固结后的淤泥土与道路工程、水电工程、园林工程实时对接，不滞留，减少了淤泥对环境的二次污染。

（6）淤泥土含水率小于40%，不恶化、不突变，便于一般性的机动车辆运输，降低运输成本。

3.2.3 设备系统

依据淤泥调理脱水固化处理技术系统设备搭建和配置见图3-10、图3-11和主体设备见图3-12、图3-13，设备选型见表3-2。

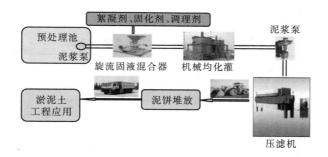

图3-10 淤泥调理脱水固化处理技术设备系统

图3-11 淤泥脱水系统设备搭建和配置

图 3-12　淤泥机械均化
　　　　　调理灌

图 3-13　淤泥调理脱水固化
　　　　　处理压力机械

表 3-2　　　　淤泥调理脱水固化处理技术成套设备表

序号	设备	规格型号	数量	功率/kW
1	泥浆池	酌情考虑	1	0
2	泥浆泵1	LZ2H-100ZL 立式	1	30kW
3	钢制粉料罐	$0.8m^3$	1	0
4	旋流固液混合器	HQL150-4	1	0
5	钢制调浆池	$20m^3$	1	0
6	曝气机	KQ-2	1	1kW
7	泥浆泵2	$80m^3$，高70m	1	40kW
8	板框压滤机	KZG/150-1500-U	1	10kW
9	空压机	VW-2/1.2	1	132kW
10	大气罐	$20m^3$	1	0
11	小气罐	$4m^3$	1	0
12	压滤机平台	高3m	1	0
13	潜水泵	$2m^3$	1	1kW
14	管道	与泵配套	若干	0
15	流量计	与泵和管道配套	1	0
16	控制系统	设备控制及电缆	若干	0

3.2.4 脱水固化系统主要设备板框式压滤机介绍

板框式压滤机是一种加压过滤设备，适用于各种悬浮液的固液分离；分离效果好，结构简单，操作方便，安全可靠，广泛应用于化工冶金、炼油、酿造、洗煤、制药、自来水厂等行业的污水处理，是由液压缸活塞将滤板压紧形成多个滤室，给料泵将污泥输送到每个滤室，在一定压力下通过滤布进行污泥脱水，污泥脱水结束后，松开液压缸。由滤板移动装置自动拉开每块滤板，开发出多种辅助功能，如振打卸料装置、水洗滤布装置和隔膜挤压污泥脱水等，用户可根据污泥性质进行选用，控制系统采用PLC编程控制，自动化程度高，工作稳定可靠。见图3-14。

图 3-14　板框式压滤机

4 江湖淤泥固化处理系统运行维护与管理

江湖淤泥固化处理系统设置有五大子系统：淤泥疏浚子系统、预处理子系统、拌和固化子系统、脱水固化子系统和淤泥土处理子系统。本书重点针对拌和固化子系统和脱水固化子系统的运行进行介绍。

4.1 淤泥理化处理及其拌和固化技术系统的运行

4.1.1 系统运行过程

江湖淤泥拌和固化处理主要由以下环节构成：

（1）江湖淤泥的疏浚、预处理及输送：江湖的淤泥经过挖掘机或抓斗疏浚后，输送到指定地点，经过必要的预处理后通过泥浆泵或者抓斗将淤泥送至淤泥储存池，储存池设置格栅等预处理设施，并配有多级沉淀池，格栅杂物等淤泥的预处理产物通过外面委托的相关单位进行无害化处理，淤泥的过滤物同样通过外面委托的相关单位进行无害化处理，淤泥渗出水及渗出液经集水池收集后进行循环利用。

（2）江湖淤泥固化材料的拌和、管道搅拌及淤泥固化土的输送：江湖淤泥管道搅拌固化技术采用的固化剂是多种固化材料拌和而成的复合型固化剂，复合型固化剂通过固化材料拌和站把相关的固化材料拌和而成，并通过罐车将拌和而成的固化材料运送至固化材料储罐，固化材料经由粉料自动供给机来对管道搅拌机进行供料，江湖淤泥由拖泵输送并经过管道输送至管道搅拌机，固化材料、江湖淤泥经过管道搅拌机的充分搅拌均匀后，通过拖泵并经过管道输送至淤泥固化土堆放场地，堆放 3～7d 后进行资源化利用，工艺流程见图 2-2。

（3）淤泥固化土的资源化利用：江湖淤泥经过固化处理后具有强度高、渗透性低的性质，可以根据实际工程的使用要求来设计处理固化材料配方，一次处理便可以达到实际工程的使用要求。疏浚淤泥进行固化处理后，原先存在的污染物被包裹吸附在固化体内，不易向外界扩散，各项指标均能满足国家环境标准。固化处理后的淤泥固化土可作为堤防加固工程、道路工程、填海工程的填方材料使用。

4.1.2 管路搅拌机的运行、使用说明及维护
4.1.2.1 管路搅拌机运行注意事项

（1）整体。

固定、运行、保养、检修前，必须阅读并正确地使用本使用说明书及其附带的所有材料。

1）警告标签的说明。

危险：在操作错误有可能引起死亡或者重伤时（包括危险发生时紧急程度高的情况）。

警告：在操作错误有可能引起死亡或者重伤时。

注意：在操作错误有可能引起中度损伤、轻伤或者物质损失时。

另外，"注意"中表明的情况有时也可能会引发重大事故，都必须作为重要注意事项严格遵守。

2）搬运、固定、布线、操作、运行、保养、检修必须由具有专业知识有工作人员实施。

3）机械的吊起作业必须由具有资质的工作人员谨慎地实施。

4）机械的吊起作业必须使用符合机械重量的钢缆，并使用四点吊起或按指定吊起处进行。

5）机械必须水平安放并切实固定、应充分考虑到周围的排水条件。

6）修理、检修时，必须确保电动发动机、引擎等处于停止状态。（总门开关电源置于"OFF"。）

7）未经许可严禁改装。

（2）管路搅拌机运行前。

1）必须穿着符合作业要求的服装、保护用具。

2）不要在过于劳累、生病、酒后操作。

3）严禁无关人员进入作业范围。

4）操作前进行检修。

5）取出附着的异物、粘着物。

6）连接移动电缆时，必须充分确认单相、逆相。必须确保连接了地线。

7）发电机等的电源容量、连接电缆的尺寸必须符合机器规定的要求。

8）为防止发生机器倾倒事故，必须做好作业场内的整理整顿工作。

（3）管路搅拌机运行中。

1）严禁在机器运行过程中打开盖板、门等。这些行为有可能导致肢体卷入机器、触电、烧伤烫伤等事故。

2）严禁在机器运行过程中触碰旋转部分和可移动部分。

3）严禁将工具、异物、可燃物放入机械和动力控制板内。

4）在运行过程中机器的某些部位温度会升高。严禁用手触摸这些部位。

5）机器运行过程中需要登上机器顶部作业时，应充分注意防止发生跌落事故。

（4）管路搅拌机运行后。

1）长时间不使用机器的情况下，应将动力盘内的主开关、操作电源开关置于"OFF"状态。

2）长时间使用机器时，应按照以下步骤保存：洗净打扫各部位后，选择干燥平坦的场地放置，用防水布覆盖紧密并充分固定。洗净时，应防止水浸入动力盘、接线盒等内部。

3）长期保存后再次使用时，应检查各齿轮间的润滑油，如果有变质的话要更换同时充分进行各部位的油脂给补。

4.1.2.2　管路搅拌机运行准备

（1）配电板和主机电动机的布线。电动机上事先已经连接有移动电缆配有四种接头（红、白、黑、绿）。应按照配电板的要求接线。

（2）将配电板上的初级端电力电缆（面积 $38mm^2$ 长 10m）连接至分电板。

（3）将配管和软管连接至管路搅拌机。管路搅拌机流入口和排出口的凸缘接缝为 JIS - 10K - 400A 型球阀。配管口径和管路搅拌机口径不相同时，应使用管接头，配管凸缘接缝为 JIS - 10K 以上型号球阀。

固化剂为粉料时，连接管路搅拌机排出口的连接软管和配管的口径应为 6～8cm，长度应小于 50m。由于压送粉料的空气压小于 0.7MPa，因此应确保管路搅拌机的内压小于 0.7MPa。

（4）固化剂软管的连接。

管路搅拌机固化剂投入用泥浆喷嘴的连接口径为 3cm。固化剂为粉料时，应使用口径 3cm 耐压 0.7MPa 的软管进行连接。空气软管脱落会造成事故，应安装并充分拧紧空气软管捆绑件和金属零件。

4.1.2.3　管路搅拌机运行前的检修要领

（1）检查润滑油泵的盘盒（是否有足够的润滑油），当余量不足时应更换新的，润滑油可延长垫片的寿命。无润滑油时，垫片的磨损加快，容易引发故障，应充分注意润滑油的剩余量。

（2）检查轴承两端是否有漏泥。一旦发现有漏泥应立即调紧垫片并将 4 个调整螺母均匀拧紧（约 1 圈）。调整过紧会引起垫片发热，容易引起垫片的破损，应注意不要调整太紧。

（3）齿轮发动机齿轮盒内是否有异常的声音。严格按照厂家使用说明书（附带）操作。检查链条是否有松弛。

4.1.2.4　管路搅拌机作业终止后的注意事项

（1）向配管和软管内注水，将之清洗干净。此时，应使管路搅拌机调整运转，直到管路口出来的泥土量很少时，方停止注水。

（2）将管路搅拌机操作回路操作盘内主回路总门开关

（ELB）设置为"OFF"。

（3）打开管路搅拌机顶部盖板时，必须使用关闭用的葫芦。实施顶部盖板开闭作业时，应充分注意防止夹伤手。

（4）检查管路搅拌机内是否有异物进入。

（5）检查管路搅拌机搅拌叶片和固化剂喷出口是否凝结了水泥。特别是固化剂喷出口应仔细清扫。

当固化剂为粉料时，为防止水分进入喷出口，在清扫时应始终让喷出口保持喷气状态约 $4m^3/min$。

（6）用高压水冲洗管路搅拌机内侧。

（7）关闭顶部盖板时，应认真检查盖板内垫片是否附着有泥土。

将顶部盖板固定螺栓完全拧紧。垫片附着有泥土或者固定螺栓松弛都会引起漏泥。

4.1.2.5 管路搅拌机的拆卸检修

管路搅拌机的拆卸检修是在取代叶片的附件叶片磨损时，或者是轴承部分出现漏泥时施行的。这一操作由以下拆卸、组装工作组成：更换搅拌翼的叶片、更换轴承部分的垫片以及零部件的更换。

操作前确认电源处于切断状态，分离控制板和发电机的连接口。将管路搅拌机水平固定。

（1）从动轴侧的拆卸。

1）取下润滑油配管和空气垫用于螺纹抛头接套。

2）取下轴承盖。取下螺栓（M12×6），将螺栓拧进取件口。

3）取下锁定螺母。去除轴承周围的润滑油，检查锁定螺母和锁定垫片，翻起锁定垫片的爪钩，松开螺母，取下锁定螺母和锁定垫片。

4）取下轴承托。取下螺栓（M24×8），将螺栓拧进取件口，取下轴承托。

5）取下密封垫片托。取下垫片夹和螺母，取下垫片托的固定螺栓（M16×6），将螺栓拧进取件口，取下垫片托。

6）检查垫片夹有无磨损或脱落。如有磨损应更换（通常

1～2次/年)

轴承部分出现漏泥时也应当按照以上 1）～6）的步骤进行拆卸和组装。

（2）驱动轴侧的拆卸。

1）取下润滑油配管和空气垫用于螺纹接套。

2）取下泥浆喷嘴用垫片托。取下垫片托的固定螺栓（M6×6），取下垫片托。

3）取下泥浆喷嘴用锁定螺母。去除轴承周围的润滑油，检查锁定螺母和锁定垫片，翻起锁定垫片的爪钩，松开锁定螺母，取下锁定螺母和锁定垫片。

4）取下泥浆喷嘴主机。将泥浆喷嘴主机朝操作者方向拔出。若被固定时，可用皮带轮等拔出。

5）取下链条罩子。取下链条罩（内罩 M10×6），取下链条罩的固定螺栓（M12×2）。

6）链条的分离。拔下（RS120）链条的连接部件上的两脚钉（2 处），取下连接部件。

7）拔下链轮齿。松开链轮齿和固定螺栓（M10×2），用皮带轮或专用工具拔出。

8）取下轴承盖。取下螺栓（M12×6），将螺栓拧进取件口，并取下盖子。

9）取下锁定螺母。去除轴承周围的润滑油，检查锁定螺母和锁定垫片，翻起锁定垫片的爪钩，松开锁定螺母，取下锁定螺母和锁定垫片。

10）取下轴承托。取下螺栓（M24×8），将螺栓拧进取件口，取下轴承托。

11）取下垫片托。按压垫片，取下螺母，取下垫片托的固定螺栓（M16×6）。将螺栓拧进取件口，取下垫片托。检查垫片是否有磨损或脱落。如有磨损应更换。（1～2 次/年）轴承部分出现漏泥时也应当按照以上 1）～6）的步骤进行拆卸和组装。

12）打开主机盖。取下主机盖的固定螺栓（M30×18），用主机附带的关闭用的葫芦打开盖板。

13）更换用叶片和附件叶片。清扫管路搅拌机内部。去除搅拌轴和附件叶片上附着的垃圾和泥。此时，应注意避免泥水进入粉料吐出口。将搅拌轴朝发动机方向移动约 1m，预留出修理搅拌轴所需的空间。切除搅拌轴的磨损部分，装上替换叶片。附件叶片也是更换磨损叶片。

（3）组装。

1）安装搅拌轴。将搅拌轴复原时，应检查驱动轴和从动轴上的橡胶垫片是否有损伤，如有损伤应更换。取下垫片夹，并清扫干净方可安装。

2）取下驱动轴垫片托。去除取下的垫片托内部的支撑环、方形胶皮垫、润滑油防漏垫片，清扫垫片托内部垫片座。向垫片座填充润滑油，安装至主机，用螺栓（M16×6）固定。移动搅拌轴使安装在搅拌轴上的垫片夹和垫片座紧密结合。将角垫片（10mm×10mm×3mm）切断（38cm×6根）。按照垫片、支撑环、角垫片的顺序安装至垫片托。安装压环、垫片夹。

3）安装垫片托。检查垫片托上的防漏油垫片是否有损伤（如有损伤应更换）。安装时应小心操作以免损坏驱动轴的螺丝部分。用 2 根螺栓（M24）暂时固定。

4）安装轴承。向轴承托底部注入润滑油。插入轴承时应小心操作，避免损伤驱动轴的螺丝部分。将轴承牢固地插入轴承托底部。用锤子等直接敲打轴承时，应使用钢制或塑料制锤子。将轴承托用固定螺栓（M24×8）固定牢固。安装锁定垫片和锁定螺母。将锁定螺母暂时轻轻拧上。

5）安装从动轴垫片托。与驱动轴用垫片托步骤相同，对垫片托进行清扫和安装。

6）安装轴承托。与驱动轴轴承托步骤相同。

7）安装轴承。与驱动轴侧步骤相同。

8）拧紧锁定螺母。注意使驱动轴侧和从动轴侧的锁定螺母处于同等松紧度。拧紧后翻起锁定垫片的爪钩将锁定螺母固定。

9）固定轴承盖。向驱动轴侧和从动轴侧的轴承注入润滑油。检查防漏油垫片是否有损伤（如有损伤应更换）。使润滑油管接头朝上，安装轴承盖，用固定螺栓（M12×6）固定。将旋转轴承主机插入。此时，应检查主机内的轴承和彩色的部分是否附着有固化剂或垃圾。如附着有垃圾，应清扫干净后一边注入润滑油一边安装。安上锁定垫片，用锁定螺母固定后，翻起锁定垫片的爪钩，固定锁定螺母。

10）安装泥浆喷嘴用垫片托。泥浆喷嘴用垫片（旋转垫）应在每次拆卸时更换。用锥子或一字起子等尖锐的工具去除旧垫片（3块）。安装新垫片时，注意不要把垫片的方向弄错。向垫片内注入润滑油，然后插入主轴。用固定螺栓（M6×6）固定。

11）安装链条。安装链条时，如链条上附着有旧润滑油或垃圾应清除干净后方可安装。安装链条后，如链条较松弛，可松开发动机固定螺栓（M24×4），用发动机调节螺栓（M30×2）撑开链条，拧紧发动机固定螺栓。此时应避免将链条撑开得过紧。

12）安装链条盖。将泥浆喷嘴穿过链条盖上的洞，用固定螺栓（M12×2）固定。向链条注入润滑油，安上链条内盖（M10×6）。在垫片托上安装润滑油用管接头和空气垫用软管。

13）安装主机。合上主机盖，拧紧固定螺栓（M30×18）。调节好主机的倾斜角度后连接电缆。

14）运行准备。开启电源，推开管路搅拌机控制板的总门开关。运行润滑油泵，检查润滑油流出是否正常。运行压缩机，打开空气垫用开关。将控制板的运行模式设置为连续运行，将润滑油泵的运行模式设置为自动运行。

15）运行。解除控制板的保险装置。确保无人进入管路搅拌机的旋转部分后，按下运行键。

（4）日常检修。

1）开始作业前的检修（每天）。检查驱动轴、从驱动轴垫片是否有松弛。检查粉料吐出口是否附着有固化剂。检查搅拌叶片是否附着有垃圾。检查管路搅拌机、混合料出口是否凝结有混合料。

2）定期检修（每周）。检查润滑油箱的润滑油剩余量。检查空气垫软管是否有堵塞。检查搅拌轴替换叶片、附件叶片的磨损情况。从轴承用润滑油管接头注入润滑油。

4.1.3 粉料压送供给机的运行、使用说明及维护
4.1.3.1 粉料压送供给机运行注意事项

固定、运行、保养、检修前，必须阅读并正确地使用说明书及其附带的所有材料。

（1）整体。

1）警告标签的说明。

危险：在操作错误有可能引起死亡或者重伤时（包括危险了生时紧急程度高的情况）

警告：在操作错误有可能引起死亡或者重伤时。

注意：在操作有可能引起中度损伤、轻伤或者物质损失时。

另外，"注意"中表明的情况有时也可能会引发重大事故，都必须作为重要注意事项严格遵守。

2）搬运、固定、布线、操作、运行、保养、检修必须由具有专业知识的工作人员实施。

3）机械的吊起作业必须由具有资质的工作人员谨慎地实施。

4）机械的吊起作业必须使用符合机械重量的钢缆，并使用4点吊起或按指定吊起处进行。

5）机械必须水平安放并切实固定、应充分考虑到周围的排水条件。

6）修理、检修时，必须确保电动发动机、引擎等处于停止状态。（总门开关操作电源置于"OFF"。）

7）未经许可严禁改装。

（2）运行前。

1）必须穿着符合作业要求的服装、保护用具。

2）不要在过于劳累、生病、酒后操作。

3）严禁无关人员进入作业范围。

4）操作前进行检修。

5）取出附着的异物、粘着物。

6）移动电缆连接时，必须充分确认单相、逆相。必须确保连接了地线。

7）发电机等的电源容量、连接电缆的尺寸必须符合机器规定的要求。

8）为防止发生机器倾倒事故，帮好作业场内的整理整顿工作。

（3）运行。

1）严禁在机器运行过程中打开盖板、门等。这些行为有可能导致肢体卷入机器、触电、烧伤烫伤等事故。

2）严禁在机器运行过程中触碰旋转部分和可移动部分。

3）严禁将工具、异物、可燃物放入机械和动力控制板内。

4）在运行过程中机器的某些部位温度会升高。严禁用手触摸这些部位。

5）机器运行过程中需要登上机器顶部作业时，应充分注意防止发生跌落事故。

（4）运行后。

1）长时间不使用机器的情况下，应将动力盘内的主开关、操作电源开关置于"OFF"状态。

2）长时间使用机器时，应按照以下步骤保存。

3）洗净打扫各部位后，选择干燥平坦的场地放置，用防水布覆盖紧密并充分固定。

4）洗净时，应防止水浸入动力盘、接线盒等内部。

5）长期保存后再次使用时，应检查各齿轮盒的润滑油，如果有变质的话要更换，同时充分进行各部位的油脂给补。

4.1.3.2 粉料压送供给机使用说明及维护

（1）概要。

HA-3型粉料压送机的基本构造是可关闭式底卸式储料箱。这种可通过底卸式储料箱进行定量输送的可关闭式底卸储料箱是经过反复现场试验研制而成。由上下2个高压底卸式储料箱组成，上下冷门交替开闭，向最下端的定量供应机输送固化剂。与罐压送式粉料供给机相比，具有小型、输送固化剂容量大、稳定性好、精度高、使用高压输送等特点。

（2）机械优点。

1）由于采用了可关闭式底卸式储料箱，使投入的可以通过小型轻便的机器进行高压运送。

2）采用负载变压器的计算方式，同时使用了可关闭式底卸式储料箱，可以对固化剂的压送量进行累计计算管理，实现高精度的压送管理。

3）在耐高压底卸式储料箱内，阀门式粉料定量供给机安装有感应器，运行时控制在标准定量范围内，压送管路发生堵塞等时，压送机会停机，不会对主机造成影响。

（3）各机械及机器的规格。

1）过滤系统   1个

  电源   AC100V

  标准风量 $6m^3/min$

  过滤精度 $0.5\mu\times83\%$

  过滤面积 $12m^2$（$3m^2\times4$根）

  自动控制风量 $30L/min\times0.5MPa$

2）计量底卸式储料箱   1台

  容积   180L

  动力控制装置   转矩 $2794N\cdot cm$，2台

  负载变换器   0.2t，2个

  两端的轴承   润滑油密封的滚珠轴承

  材质   SS400

3）下方底卸式储料箱   1台

  容积 $1m^3$

  材质   SS400

  负载变换器   1t，4个

4）高压粉料阀门   2台

	口径	400mm
	阀门材质	FCD450
	胶皮垫材质	EPDM
	动力控制方式	双油缸，内径125mm
	容许压力	1MPa
5）	定量供应机	1台
	容积	22L/rev
	电动马达	2.2kW×200V，全闭外扇式，减速比1/75
	翼板材质	淬火加工合金钢
	外盖	淬火加工合金钢
	钢管	淬火加工合金钢
6）	空压机	1台
	电动机	5.5kW
	吐气量	550L/min
	压力	0.9MPa
	储气罐容积	200L
7）	变速装置	1个
	口径	50A
	流量计测	$1\sim 6m^3/min$
	容许压力	0.9MPa
8）	水平仪	2个
	形式	静电容量式
	电源	AC100/2000，$50\sim 60$Hz
	继电器触点输出功率	1C触点（a、c、b）
	接点容量	230V，AC3A
	检出物体	聚四氟乙烯表面涂层
9）	操作盘·动力控制盘	室外设置立式，1个
	尺寸	长900mm 宽290mm 高1200mm
	操作方式	触摸屏

表示	数码（中文）		
	固化剂的质量	kg	4 位数
	固化剂的喷出量	kg/min	4 位数
	固化剂的累计总重量	kg	4 位数
	自动程序控制灯		
记录	数据保存装置→CF 卡		

（4）设置（固化剂压送机及立式储料罐的设置）。

储料罐和固化剂压送装置必须水平放置。为此，必须将地面整理平整铺上铁板，尤其是立式储料罐必须取下储料罐的基础螺栓，确保防止发生机器倾倒事故。粉料供给机采用的是计量器计量，因此必须保持足够的水平度。

（5）组装工序。

1）将压送装置的主机水平放置。

2）将仓斗与主机组合后用固定螺栓固定。以上组装工作完成后将信号线连接至接线盒。可用接头连接。接头上标有记号，接线时不要弄错。

（6）运行准备。

1）连接动力线。选用与机器容量相吻合的有足够负荷量的软线（22m² 长 10m）。

2）空气软管的连接。

用空气软管 10m 连接空气压缩机的主出口与粉料压送装置的空气流量调整阀流入口。

空气软管脱落会造成事故，应安装并充分拧紧空气软管捆绑件和金属零件。

3）粉料压送软管的连接。

用直径为 3cm 软管连接粉料供给机吐出口和管路搅拌机口。

压送软管脱落会造成重大事故。应安装并充分拧紧捆绑件和金属零件。

4）软管的连接。

使用软管 $\phi200$ 约 2m（长度可根据储料罐流出口进行调整）

连接储料罐流出口和粉料供给机顶部仓斗投入口。

软管会因粉料的重力而下垂，应在软管下端安装支撑用的金属零件。此时，应注意不要触碰粉料供给机仓斗，否则会造成计量器计量的计量误差。

5）松开计量器的保护用金属零件。保护用金属零件是用来防止在搬运过程中计量器受到碰撞或重压，应将 4 个金属零件均匀地完全松开。松开不完全时会导致计量器产生误差。

6）运行空气压缩机，调整空气流量调整开关使流量格的刻度达到 4m³（向右旋转调整开关时，流量增多；向左旋转时，流量减少）。

应确认泥土固化剂处理机处于安全状态后可注入干空气。

7）不放入粉料使压送机空运转约 5min。

这是为了去除附着在仓斗、开闭阀、粉料压送管内的固化剂。

（7）运行。

按照操作板使用说明书操作。

自动运行开始

↓

筒仓运行、由水泥投入口投入固化剂

↓

用计量底卸式储料箱计量固化剂

↓

固化剂计量完了时水泥筒仓停止

↓

高压罐水平感应器 15 的信号显示为空，第 2 段高压粉料阀显示信号为"闭"

↓

打开第 1 段高压粉料阀

↓

第 1 段高压粉料阀被打开，同时高压中罐内的空气剩余压力

通过储料箱由过滤器过滤粉尘后将干净的空气排出

↓

计量底卸式储料箱翻转通过滑槽向高压中罐投入固化剂

↓

高压中罐的水平感应器 15 水平感应器信号显示变满

↓

信号恢复为计量底卸式储料箱的计量状态

第 1 段高压阀关闭

第 1 段高压阀关闭信号、高压下罐的水平感应器 16 显示空信号

↓

第 2 段高压阀　达到计时器设定时间关闭

↓

高压下罐水平感应器信号满

↓

定量供应机运行——→连续运行

↓

以后反复运行

↓

停止运行会使定量供应机停止运行

高压下罐的水平感应器 16 显示为空信号时，高压下罐的固化剂剩余量大于 70kg。所以吐出量为最大时还可以吐出 11s。高压中罐到高压下罐的固化剂供给时间设定为 5s。

（8）数据的读取。

运行数据是通过音序器直接从数据口读取，在通过数据保存装置记录到 CF 卡，然后由计算机来处理水泥的累计量、瞬间吐出量的数据。

还可以连接如下模拟信号输出：

累计计量值：000kg，4～20mA

吐出量：000kg/min，4～20mA

上方底卸式储料箱容量：180kg

压送量：60～300kg/min

压送软管直径：3in

循环数：2

定量供应机动力：2.2kW

定量供应机转动数：2～12rpm

所需空气量：4～8m³

空气压力：最大 0.9MPa

压缩机动力：7.5kW

压缩机吐出量：500L/min

（9）粉料劳务费软管发生堵塞，粉料堵塞在软管内时的处理方法。

（注意）危险，绝对禁止卸下粉料压送软管的接口。

1）将粉料供给机的运行设定为手动。

2）启动回转式送水管。

3）将"部开闭阀"设置为"开"。

4）将"部开闭阀"设置为"闭"。在上述状态下，粉料压送管内的剩余压力会通过粉料供给机仓斗泄出。

5）将空气压缩机的开关设置为"闭"。

6）确认粉料压送管、空气软管处于无张力状态。

7）小心地将粉料压送管接头取下。

8）去除粉料压送管内凝结的粉料。

（10）作业结束。

1）回转式送水管停止运行约 5min 后运行空气压缩机，去除粉料压缩管内的残余粉料。此时，应从清理窗口用清洗泵冲洗泥土固化处理机搅拌器内壁，防止粉料粘着。

2）长时间不作业时，应空运行一段时间以除净仓斗、计量仓斗、开闭阀、回转式送水管、粉料压送软管中的粉料。

4.2　淤泥调理脱水固化处理技术系统的运行

4.2.1　系统运行过程

淤泥调理脱水固化处理技术系统运行主要由分选调浆、浓缩调理、脱水固结、强化环保处理等几个主要环节组成。

（1）分选调浆。

疏浚淤泥通过泥浆泵或运输车船送至处理现场，首先进行除渣分选及密封输送，通过分选后形成三种不同粒径的泥浆，其中，粒径≥20mm进入混凝搅拌系统、粒径3～20mm进入管道搅拌系统、粒径≤3mm进入深度脱水固结系统，不能处理的垃圾、块石和其他废弃物经过分类后送至垃圾填埋场。

（2）浓缩调理。

通过筛选后粒径≤3mm的淤泥约占总泥量40％～50％，经管道送至初沉池进行浓缩处理，泥浆静置一段时间后，溢流出多余的水分，积聚泥浆中的固体物质，最终形成达到含水率80％的浓浆，通过泵送至调理池进行调理。泥浆调理剂通过粉料自动供给机打入固液混合器中充分混合，注入调理池内与泥浆均匀混合进行调理，调理后的泥浆通过泵送入深度脱水装置进行后续处理。

（3）复合脱水固结。

通过筛选、调理后的形成的泥浆按其不同的含水率分别进入深度脱水装置、搅拌脱水装置、混凝脱水装置进行脱水固结处理。

（4）深度脱水固结处理。

完成调理后的泥浆采用泥浆泵注入深度脱水装置进行脱水固结，形成含水率≤40％的泥饼，泥饼通过皮带输送机或车辆运输送至临时堆放场堆放并进行资源化处理。处理过程中产生的滤液通过尾水收集管线，集中收集至强化环保处理系统进行处置。

（5）强化环保处理。

1）尾水无污染排放。

浓缩上清液、脱水滤液及施工废水都通过管网相连收集至尾水处理装置，通过生化法处理，平衡酸碱度、消除有害成分。经检测，排放水质达到《污水综合排放标准》（GB 8978—1996）一级排放标准，悬浮物≤20mg/L。

2）处理过程密闭。

脱水固结及原料配制都在相对密封的室内实施，室内形成负压，所收集的空气均送入空气过滤装置处理后排放，淤泥及各种材料输送均采用管道输送的方式，处理过程中的淤泥均保持一定的含水率，处理后的固结淤泥均成硬塑状，因此全过程不会产生任何粉尘、异味。不能处理的垃圾及其他废弃物均由密封的垃圾车送至垃圾填埋场。

3）再生利用处理。

经脱水固结后的淤泥进入再生利用装置，按照不同的专业技术要求分别添加不同的外加剂形成具有资源化利用价值的工程用土、园林绿化用土、建材原料。

4.2.2 板框压滤机

4.2.2.1 板框压滤机的简介

板框压滤机是一种间隙性操作的加压过滤设备，适用于各种悬浮液的固液分离。分离效果好，结构简单，操作方便，安全可靠，广泛应用于石油、化工、陶瓷、染料、制药、制糖、食品、冶金、纺织、煤炭及环保等行业。该压滤机采用机、电一体化设计制造，结构合理，操作简单方便，能实现滤板压、保压、滤板松开等各道工序。控制部分更加灵敏、安全；机械部分的压紧板、止推板和机座均采用优质钢板焊接而成，强度高，稳定性好，耐腐蚀，使用寿命长，是目前过滤行业最理想的设备，是由液压缸活塞将滤板压紧形成多个滤室，给料泵将污泥输送到每个滤室，在一定压力下通过滤布进行污泥脱水，污泥脱水结束后，松开液压缸。由滤板移动装置自动拉开每块滤板，开发出多种辅助功能，如振打卸料装置、水洗滤布装置和隔膜挤压污泥脱水等，用户可根据污泥性质进行选用，控制系统采用 PLC 编程控制，自动化程度高，工作稳定可靠。

4.2.2.2 板框压滤机的特点

板框压滤机是很成熟的脱水设备，在欧美污泥脱水项目上应用很多。压滤机将带有滤液通路的滤板和滤框平行交替排列，每组滤板和滤框中间夹有滤布，用压紧端把滤板和滤框压紧，使滤板与滤板之间构成一个压滤室。污泥从进料口流入，水通过滤板从滤液出口排出，泥饼堆积在框内滤布上，滤板和滤框松开后泥饼就很容易剥落下来，具有操作简单，滤饼含固率高，适用性强等优点。

板框压滤机对于滤渣压缩性大或近于不可压缩的悬浮液都能适用。适合的悬浮液的固体颗粒浓度一般为 10％以下，操作压力一般为 0.3～1.6MPa，特殊的可达 3MPa 或更高。过滤面积可以随所用的板框数目增减。板框通常为正方形，滤框的内边长为 200～2000mm，框厚为 16～80mm，过滤面积为 1～1200m^2。板与框用手动螺旋、电动螺旋和液压等方式压紧。板和框用木材、铸铁、铸钢、不锈钢、聚丙烯和橡胶等材料制造。

板框压滤机设备重量与体积大，采用而该类型的污泥脱水机采用间断运行方式，时产 50kg/h 固体，生产率相对较小，但是脱水率较高，泥饼含水率可达 70％～85％，此外，该设备还有需专人看守，自动性较差；活动部件多，不稳定；设备投资稍低；维修难度大；操作较为复杂，须专人管理；使用寿命短等特点。

4.2.2.3 板框压滤机的组成

板框压滤机主要由固定板、滤框、滤板、压紧板和压紧装置组成，外观与厢式压滤机相似。制造板、框的材料有金属、木材、工程塑料和橡胶等，并有各种形式的滤板表面槽作为排液通路，滤框是中空的。多块滤板、滤框交替排列，板和框间夹过滤介质（如滤布），滤框和滤板通过两个支耳，架在水平的两个平等横梁上，一端是固定板，另一端的压紧板在工作时通过压紧装置压紧或拉开。压滤机通过在板和框角上的通道或板与框两侧伸出的挂耳通道加料和排出滤液。滤液的排出方式分明流和暗流两种、在过滤过程中，滤饼在框内集聚。一般板框压滤机的工作压力为 0.3～0.5MPa，压滤机工作压力为 1～2MPa。整套设备从整体主要由以下三部分构成：

（1）机架部分。

机架是整套设备的基础，主要用于支撑过滤机构，由止推板、压紧板、机座、丝杆、减速厢和主梁等连接组成。支撑过滤机构的主梁，其材质是优质槽钢，具有抗拉、抗弯、强度高、耐磨性高、韧性好等特点。止推板、压紧板和机座均采用优质钢板焊接而成，减振性好、强度高。设备工作运行时，由丝杆推动压紧板，将位于压紧板和止推板之间的滤板及滤布压紧，以保证滤浆在滤室内进行加压过滤。

（2）过滤部分。

过滤部分是按次序排列在主梁上的滤板和夹在滤板之间的滤布所组成的。采用独特工艺压制而成的滤板机械性能良好，化学性能稳定，耐压、耐热、耐腐蚀、无毒、表面平整光滑、密封好、易洗涤等特点。过滤开始时，滤浆在进料泵的推动下，经止推板的进料口进入各滤室内，滤浆借进料泵产生的压力进行固液分离，由于过滤介质（滤布）的作用，使固体留在滤室内形成滤饼，滤液由水嘴或出液阀排出。若滤饼需要洗涤，可由止推板上的洗涤口通入洗涤水，对滤饼进行洗涤，若需要含水率较低的滤饼，可从洗涤口通入压缩空气，透过滤饼层，挤压出滤饼中的一部分水分。

（3）电气控制部分。

电气部分为半自动控制电控箱，由电流继电器控制压滤机的压紧自动停止，由行程开关控制松开自动停止。

4.2.2.4 板框压滤机的运行操作

（1）压紧。

按"压紧"按钮启动压滤机，至电动机负荷明显增大，电流继电器常闭点断开，电机自动断电后停止。

（2）过滤。

打开进料口的阀门开始进料，但要保证进料压力不可超过标牌上的额定压力，在压力的作用下，滤浆经过滤介质（滤布）过滤，滤液自动排出。

（3）松开。

当滤浆过滤完毕后，按下"松开"按钮，电动机反向运转，带动压紧板后退，后退至丝杆无螺纹处时按"停止"按钮或由行程开关自动停止，一个工作循环完毕。

4.2.2.5　板框压滤机的保养维护

压滤机在使用过程中的保养非常重要，注意以下几点：

（1）随时仔细检查各连接处是否牢固，各零部件使用是否良好，发现异常情况要及时通知维修人员进行检修，对轴承、丝杆、齿轮等零件要定期进行检查，使各配合部件保持清洁，使其润滑性能良好、正常，以保证动作灵活。机座润滑油口、丝杆与齿轮间每班需注油2～3次（润滑剂必须使用液态润滑油）。

（2）对电控系统要定期进行绝缘性和可靠性试验，发现由电气元件引起的动作准确度差、不灵活等情况，要及时修理或更换电气元件。

（3）要经常检查滤板的密封面，以保证其光洁、干净；压紧前，要对滤布进行仔细检查，保证其无折叠、无破损、无夹渣，使其平整完好，以保证过滤效果。

（4）要经常冲洗滤布，保证过滤机构的密封性。

4.2.2.6　板框压滤机的故障排除

板框压滤机主要故障及排除主要有：

（1）板块本身的损坏。造成板块本身损坏的原因有：

1）随当污泥过稠或干块遗留时，就会造成供料口的堵塞，此时滤板间没有了介质只剩下液压系统本身的压力，此时板块本身由于长时间受压极易造成损坏。

2）供料不足或供料中含有不合适的固体颗粒时，同样会造成板框本身受力过多以至于损坏。

3）如果流出口被固体堵塞或启动时关闭了供料阀或出阀，压力无处外泄，以至于造成损坏。

4）要滤板清理不净时，有时会造成介质外泄，一旦外泄，板框边缘就会被冲刷出一道一道的小沟，介质的大量外泄造成压力无法升高，泥饼无法形成。

对应故障的排除的方法：①使用尼龙的清洗刮刀，除去进料口的泥；②完成这个周期，减少滤板容积；③检查滤布，清理排水口，检查出口，打开相应阀门，释放压力；④仔细清理滤板，修复滤板。

滤板的修复技术如下：滤板在使用几年后，由于某种原因，使得边角处冲刷出一些沟痕来。沟痕一旦出现，就会迅速扩大，直至影响到滤饼的形成。一开始滤饼变软，之后变成半稀泥状，最后滤饼无法成形。由于滤板材料特殊，难于修补，只能换新，所以造成了高昂的备件费消耗。期间试用了一些修补剂，效果一直不好，最近改用油面修补剂时情况终于出现了转机，试用效果很好，达到了密封效果。具体修复方法如下：①清理沟槽，漏出新鲜面来，可用小锯条等清理；②黑白两种修补剂按 1：1 的比例调配好；③把调配好的修补剂涂在沟槽上，涂满稍高；④迅速套好滤布，将滤板挤在一起，使修补剂和滤布粘在一起，同时挤平沟槽；⑤挤压一段时间后，粘胶自然成型，不再变化，此时便可以正常使用了。

（2）板框间渗水，造成板框间渗水的原因主要有：

1）液压低。

2）滤布褶皱和滤布上有孔。

3）密封表面有块状物。

板框间渗水的处理方法比较简单，只要相应的增加液压、更换滤布或者使用尼龙刮刀清除密封表面的块状物即可。

（3）形不成滤饼或滤饼不均匀。

造成滤饼形不成或不均匀的原因有很多，供料不足或太稀，或者有堵塞现象都会引起这种现象。针对这些故障要细细的排查原因，最终找到确切的问题所在，然后对症施治解决问题。

主要的解决办法有：增加供料、调整工艺，改善供料、清理滤布或更换滤布、清理堵塞处、清理供料孔、清理排水孔、清理或更换滤布、增加压力或泵功率、低压启动，不断增压等方法。

（4）滤板行动迟缓或易掉。

有时由于导向杆上油渍、污渍过多也会导致滤板行走迟缓，甚至会走偏掉落。这时就要及时清理导向杆，并涂上黄油，保证其润滑性。要注意的一点是严禁在导向杆上抹稀油，因为稀油易掉，使地面很滑，人员在此操作检修极易摔倒，易引发人身伤害事故。

（5）液压系统的故障。

板框压滤机的液压系统主要是提供压力的，当油腔A注油增多时活塞向左运动，压迫滤板使之密闭。当油腔B注油增多时活塞向右运动，滤板松开。由于制造精密，液压系统故障较少，只要注意日常维护即可。尽管如此，由于磨损的缘故，每过一年就会出现漏油现象形成密封圈。

常见的液压故障还有压力保持不住和液压缸推进不合适。造成不能保持压力的原因主要有漏油、"O"形环磨损以及电磁阀不正常工作等，常用处理办法是卸下并检查阀门、更换"O"形环、清洗检查电磁阀或更换电磁阀。液压缸推进不合适原因是空气被封在内部了，这时只要系统抽气即可，一般可迅速解决。

（6）其他故障。

1）压滤机在使用前，检查框、板或隔膜板等数量和在机器中的序列；并将所有框、板移至止推板一端，这样确保在压紧过程中滤板不会走偏。

2）新的滤布换上去时，开始由于毛细孔的原因，有泄漏情况，解决此的办法：调整进料压力，利用回流管进行卸压，待到料浆填满时，可以恢复正常压力；或者用滤饼涂抹滤布密封面也可以减少泄漏。

3）对于脱水快的物料，可以用逐步送料法进料，避免料浆送不到位就阻牢：将压紧板端的几个滤室出液阀关闭，其他的打开，待料送到位时，再逐步开启其他阀们，至全部打开。

4）压滤机横梁发生"弹性变形"时：将滤板排向变形梁内弧方向排列，压紧后可以"复位"；有条件的，将压滤机单头吊起，摆正位置即可；若是产生塑性变形，则要借助"外力"矫正（千斤顶等）。

4.2.3　隔膜式压滤机
4.2.3.1　隔膜式压滤机简介

隔膜式压滤机，即隔膜压滤机，是指滤板与滤布之间加装了一层弹性膜的压滤机。使用过程中，当入料结束，可将高压流体或气体介质注入隔膜板中，这时整张隔膜就会鼓起压迫滤饼，进而实现滤饼的进一步脱水，就是通常讲的压榨过滤。

4.2.3.2　隔膜式压滤机工作原理

隔膜压滤机与普通厢式压滤机的主要不同之处就是在滤板与滤布之间加装了一层弹性膜隔膜板。运行过程中，当入料结束，可将高压流体介质注入滤板与隔膜之间，这时整张隔膜就会鼓起压迫滤饼，从而实现滤饼的进一步脱水，就是压榨过滤。

首先是正压强压脱水，也称进浆脱水，即一定数量的滤板在强机械力的作用下被紧密排成一列，滤板面和滤板面之间形成滤室，过滤物料在强大的正压下被送入滤室，进入滤室的过滤物料其固体部分被过滤介质（如滤布）截留形成滤饼，液体部分透过过滤介质而排出滤室，从而达到固液分离的目的，随着正压压强的增大，固液分离则更彻底，但从能源和成本方面考虑，过高的正压压强不经济划算。

进浆脱水之后，配备了橡胶挤压膜的压滤机，则压缩介质（如气、水）进入挤压膜的背面推动挤压膜使挤压滤饼进一步脱水，叫挤压脱水。进浆脱水或挤压脱水之后，压缩空气进入滤室滤饼的一侧透过滤饼，携带液体水分从滤饼的另一侧透过滤布排出滤室而脱水，叫风吹脱水。若滤室两侧面都敷有滤布，则液体部分匀可透过滤室两侧面的滤布排出滤室，为滤室双面脱水。

脱水完成后，解除滤板的机械压紧力，单块逐步拉开滤板，分别敞开滤室进行卸饼为一个主要工作循环完成。根据过滤物料性质不同，压滤机可分别设置进浆脱水、挤压脱水、风吹脱水或单、双面脱水，目的就是最大限度地降低滤饼水分。

4.2.3.3 隔膜式压滤机的安装

（1）首先，在安装之前隔膜式压滤机基础应找平，各安装基准面水平度误差不要超过 2mm。

（2）安装油缸支座，用垫板找平，两支座上平面在同一水平面上，油缸与支座之间螺栓不上紧，然后将油缸装于油缸支座上，地脚螺栓上紧。

（3）安装尾板。吊正尾板（用钢丝绳吊尾板中心孔）将尾板与主梁连接在一起。

（4）安装主梁支柱。将一主梁与油缸装配好，并用主梁夹板将主梁与中间支柱固定。

（5）将安装后的尾板垫平，安装另一主梁并用夹板固定好，两主梁与尾板定位卡口应安装到位，不留间隙。

（6）隔膜找正。用水准仪测量两主梁水平，两主梁上任意两点高度差应小于 3mm，主梁高低由主梁支柱调整，框架两对角线误差应小于 6mm，可通过调整尾板的左右位置达到。

（7）安装头板。将头板吊于两主梁道轨上，检查球面端盖与活塞杆同轴度，同轴度允差 2mm，可通过球面端盖的上下及左右移动达到同轴度要求，安装压板使头板与活塞杆连接。

（8）安装轨道盒托架及上、下轨道盒。

（9）安装传动部分。包括链轮、链条、油马达、拉钩盒等。连接链条和拉钩盒时，应使两拉钩盒紧靠轨道盒端部定位板，应保证两拉钩盒同步精度小于 4mm。

（10）将滤板吊装至主梁道轨上，定位把手在同一侧。

（11）安装滤布，上好滤布压圈（缝制滤布不用压圈）。

（12）调整轨道盒高度，滤板把手底面与上轨道盒底面距离为，以达到拉板工作稳定可靠为准。

4.2.3.4 隔膜式压滤机的运行维护

（1）操作人员必须熟悉使用说明书内容，并严格按说明书的要求操作、调整、使用和维修。

（2）选用优质滤布，滤布不应有破损，密封面不皱折、不重叠。

（3）经常检查整机零、部件安装是否安全，各紧固件是否紧固，液压系统是否漏油，传动部件是否灵活、可靠。

（4）经常检查液压油质量、油面高度是否符合要求，油液是否纯净。液压系统周围要保持清洁、防水、防尘。

（5）每次开机后，仔细观察机器工作情况，如有异常，应立即停机检修。

（6）油箱内油温以不高于60℃为宜；油箱严禁进水和灰尘；液压站上的滤油器要经常清洗。电器控制部分每月应进行一次绝缘性能试验，损坏的电器元件应及时更换或维修。

（7）使用一个月，应清洗油箱、油路、油缸等，更换合格新油，以后每半年更换、清洗一次。

（8）工作时过滤压力、压紧压力、料液温度不允许超过规定值，在缺少板框或压紧板最大位移大于活塞行程时，严禁开机。

（9）冬天启动油泵时，根据需要应对液压油加温，待油温升到15℃以上时，方可投入使用。在高寒地区应用低凝点液压油。

（10）工作状态下严禁进行调整设备，在压力表损坏或不装压力表的情况下，严禁开机。

（11）更换新油管首次启动时，人员不得靠近高压油管。

（12）机械压紧压滤机要十分注意压紧情况，不可长时间超负荷运转，以免烧坏电机或损坏零部件。

（13）经常检查清理进、出通道，保证畅通无阻。

（14）卸渣时，根据需要对滤布和板框进行冲洗，保证密封面无杂物。

（15）相对运动的零部件，要经常进行加油润滑。

（16）机器长期停用时，应存放在通风干燥的室内，液压系统要充满油液，其他外漏加工面应涂防锈油。贮存应放置在相对湿度小于 80％、温度在－15～40℃ 的无腐蚀性介质有遮蔽的场所。

（17）滤板、滤框不得与油类、酸碱或其他有损于板框的物质接触，应远离热源、避免日晒雨淋。

（18）隔膜压榨时，压榨前物料必须充满滤室，压榨后必须在排尽空气后，方可打开滤板进行卸料，以免造成隔膜破裂。工作中应经常检查压缩空气管路，若出现气管脱落或漏气严重，应立即关闭进气阀，打开放气阀。待修复后，方可继续使用。实际操作使用说明可咨询相关厂家。

5 江湖淤泥固化处理质量控制

由于淤泥的处理在国内尚处于起步阶段，目前国内还没有统一的标准可以参考，为贯彻《中华人民共和国环境保护法》《中华人民共和国水污染防治法》《中华人民共和国海洋环境保护法》《中华人民共和国固体废物污染环境防治法》，在河湖淤泥疏浚的同时解决淤泥处理问题，防止二次污染，维护良好生态环境，在江湖淤泥处理过程中，应严格执行淤泥接收及处理质量管理制度，根据生产进度情况，定时定量检测淤泥处理产品，严格按照设计要求检测淤泥固化产品。

5.1 江湖淤泥预处理过程质量控制

淤泥预处理宜按照 $1000\sim5000m^3$ 划分为一个检验批次。淤泥预处理工程分为淤泥中生活垃圾、建筑垃圾的筛分和淤泥的理化调理两个工序。淤泥经过预处理之后的颗粒粒径、含水率指标应符合设计和表 5-1 的要求。

表 5-1　　　　　　淤泥预处理施工质量标准

项次		检验项目	质量要求	检验方法	检验数量
主控项目	1	颗粒粒径	淤泥经过预处理后，淤泥的粒径应小于 5cm	试验检测	$1000\sim5000m^3$ 为一个检测批次
	2	含水率	淤泥经过预处理后，淤泥的含水率应介于 $40\%\sim80\%$ 之间。	试验检测	$1000\sim5000m^3$ 为一个检测批次
一般项目	1	建筑垃圾	淤泥经过预处理后，石块、砖头、混凝土块等建筑垃圾应清理干净	观察	全面检查

项 次		检验项目	质量要求	检验方法	检验数量
一般项目	2	生活垃圾	淤泥经过预处理后，塑料瓶、塑料袋、废旧衣物等生活垃圾应清理干净	观察	全面检查

5.2 江湖淤泥处理过程质量控制

淤泥处理宜按照 5000～10000m³ 划分为一个检验批次。淤泥处理工程宜分为淤泥的处理和淤泥尾水的处理两个工序。淤泥经过处理后的泥质、尾水以及滤液应满足设计和表5-2的要求。

表 5-2　　　　淤泥处理后泥质施工质量标准

项 次		检验项目	质量要求	检验方法	检验数量
主控项目		浸出毒性	淤泥处理后的泥质28d限值应满足《危险废物鉴别标准　浸出毒性鉴别》（GB 5085.3—2007）的要求	试验检测〔参照《危险废物鉴别标准　浸出毒性鉴别》（GB 5085.3—2007）执行，有新标准按新标准执行，无新标准则继续沿用此标准〕	5000～10000m³
一般项目	1	淤泥固化土含水率/%	淤泥处理后的泥质28d限值应小于40%	试验检测	5000～10000m³
	2	pH值	淤泥处理后的泥质28d限值应介于5和10之间	试验检测	5000～10000m³
	3	承载比CBR/%	淤泥处理后的泥质28d限值应大于4	试验检测	5000～10000m³
	4	自由膨胀率/%	淤泥处理后的泥质28d限值应小于于25	试验检测	5000～10000m³

项次		检验项目	质量要求	检验方法	检验数量
一般项目	5	稳定化	淤泥处理后的泥质5d后遇水不会"泥化"	试验观测	5000～10000m³
	6	臭味	淤泥处理后的泥质应无明显臭味	感官	全面检查

淤泥处理后尾水以及滤液施工质量标准见表5-3。

表5-3　　　淤泥处理后尾水以及滤液施工质量标准

项次		检验项目	质量要求	检验方法	检验数量
主控项目	1	*总汞	淤泥处理后尾水以及滤液最高排放浓度不得高于0.05mg/L	试验检测	全面检查
	2	*烷基汞	不得检出	试验检测	全面检查
	3	*总镉	淤泥处理后尾水以及滤液最高排放浓度不得高于0.1mg/L	试验检测	全面检查
	4	*总铬	淤泥处理后尾水以及滤液最高排放浓度不得高于1.5mg/L	试验检测	全面检查
	5	*六价铬	淤泥处理后尾水以及滤液最高排放浓度不得高于0.5mg/L	试验检测	全面检查
	6	*总砷	淤泥处理后尾水以及滤液最高排放浓度不得高于0.5mg/L	试验检测	全面检查
	7	*总铅	淤泥处理后尾水以及滤液最高排放浓度不得高于1.0mg/L	试验检测	全面检查
	8	*总镍	淤泥处理后尾水以及滤液最高排放浓度不得高于1.0mg/L	试验检测	全面检查
	9	苯并（a）芘	淤泥处理后尾水以及滤液最高排放浓度不得高于0.00003mg/L	试验检测	全面检查
	10	总铍	淤泥处理后尾水以及滤液最高排放浓度不得高于0.005mg/L	试验检测	全面检查

项	次	检验项目	质量要求	检验方法	检验数量
主控项目	11	总银	淤泥处理后尾水以及滤液最高排放浓度不得高于 0.5mg/L	试验检测	全面检查
	12	总 α 放射性	淤泥处理后尾水以及滤液最高排放浓度不得高于 1Bq/L	试验检测	全面检查
	13	总 β 放射性	淤泥处理后尾水以及滤液最高排放浓度不得高于 10 Bq/L	试验检测	全面检查
一般项目	1	*pH	6～9	试验检测	全面检查
	2	*悬浮物（SS）	400	试验检测	全面检查
	3	五日生化需氧量（BOD₅）	300	试验检测	全面检查
	4	*化学需氧量（COD）	500	试验检测	全面检查
	5	*石油类	100	试验检测	全面检查
	6	*动植物油	100	试验检测	全面检查
	7	挥发酚	2.0	试验检测	全面检查
	8	总氰化物	1.0	试验检测	全面检查
	9	硫化物	1.0	试验检测	全面检查
	10	氟化物	20	试验检测	全面检查
	11	苯胺类	5.0	试验检测	全面检查
	12	硝基苯类	5.0	试验检测	全面检查
	13	阴离子表面活性剂（LAS）	20	试验检测	全面检查
	14	*总铜	2.0	试验检测	全面检查
	15	*总锌	5.0	试验检测	全面检查
	16	*总锰	5.0	试验检测	全面检查

项次		检验项目	质量要求	检验方法	检验数量
一般项目	17	元素磷	0.3	试验检测	全面检查
	18	有机磷农药（以P计）	0.5	试验检测	全面检查
	19	乐果	2.0	试验检测	全面检查
	20	对硫磷	2.0	试验检测	全面检查
	21	甲基对硫磷	2.0	试验检测	全面检查
	22	马拉硫磷	10	试验检测	全面检查
	23	五氯芬及五氯芬钠（以五氯芬计）	10	试验检测	全面检查
	24	可吸附有机卤化物（以Cl计）	8.0	试验检测	全面检查
	25	三氯甲烷	1.0	试验检测	全面检查
	26	四氯化碳	0.5	试验检测	全面检查
	27	三氯乙烯	1.0	试验检测	全面检查
	28	四氯乙烯	0.5	试验检测	全面检查
	29	苯	0.5	试验检测	全面检查
	30	甲苯	0.5	试验检测	全面检查
	31	乙苯	1.0	试验检测	全面检查
	32	邻-二甲苯	1.0	试验检测	全面检查
	33	对-二甲苯	1.0	试验检测	全面检查
	34	间-二甲苯	1.0	试验检测	全面检查
	35	氯苯	1.0	试验检测	全面检查
	36	邻-二氯苯	1.0	试验检测	全面检查
	37	对-二氯苯	1.0	试验检测	全面检查

项次		检验项目	质量要求	检验方法	检验数量
一般项目	38	对-硝基氯苯	5.0	试验检测	全面检查
	39	2，4-二硝基氯苯	5.0	试验检测	全面检查
	40	苯酚	1.0	试验检测	全面检查
	41	间-甲酚	0.5	试验检测	全面检查
	42	2，4-二氯酚	1.0	试验检测	全面检查
	43	2，4，6-三氯酚	1.0	试验检测	全面检查
	44	邻苯二甲酸二丁酯	2.0	试验检测	全面检查
	45	邻苯二甲酸二辛酯	2.0	试验检测	全面检查
	46	丙烯腈	5.0	试验检测	全面检查
	47	总硒	0.5	试验检测	全面检查

注 带"＊"为必须检测项目，其他污染物可依据本地污染源和实际情况，选择部分项目进行检测。

5.3 江湖淤泥处理过程质量控制

淤泥处理宜按照 5000～10000m³ 划分为一个验收批次。河湖淤泥经过处理后最终作为土壤使用时应根据具体用途来选择最终的处理方式和处理标准。根据土壤应用功能，土壤用途可划分四类用地土壤：

（1）园林绿化用地土壤。将处理后且满足本标准的淤泥用于城镇绿地系统或郊区林地的建造和养护过程，一般用作栽培介质土、土壤改良材料，也可作为制作有机肥原料的土壤；

（2）土地改良用地土壤。将处理后且满足本标准的淤泥用于盐碱地、沙化地和废弃矿场土壤的改良，使之达到一定用地功能的土壤；

（3）工商业用地土壤。将处理后且满足本标准的淤泥用于商业区、展览场馆、办公区、工厂（商品的生产、加工和组装等）、仓储、采矿等地的土壤。河湖淤泥经过处理后最终作为土壤使用时应满足设计和表 5-4 的要求。

表 5-4　　　河湖淤泥经过处理后最终作为
土壤使用时施工质量标准

项 次		检验项目	质量要求					检验方法	检验数量
			园林绿化		土地改良		工商业		
			酸性土（pH<6.5）	碱性土（pH≥6.5）	酸性土（pH<6.5）	碱性土（pH≥6.5）			
主控项目	1	总镉/(mg/kg 干泥)	<5	<20	<5	<20	<20	试验检测	1000～5000m³ 为一个检测批次
	2	总汞/(mg/kg 干泥)	<5	<15	<5	<15	<25		
	3	总铅/(mg/kg 干泥)	<300	<1000	<300	<1000	<1000		
	4	总铬/(mg/kg 干泥)	<600	<1000	<600	<1000	<1000		
	5	总砷/(mg/kg 干泥)	<75	<75	<75	<75	<75		
	6	总镍/(mg/kg 干泥)	<100	<200	<100	<200	<200		
	7	总锌/(mg/kg 干泥)	<2000	<4000	<2000	<4000	<4000		
	8	总铜/(mg/kg 干泥)	<800	<1500	<800	<1500	<1500		
	9	硼/(mg/kg 干泥)	<150	<150	<100	<150	<200		
	10	矿物油/(mg/kg)	<3000	<3000	<3000	<3000	<3000		
	11	苯并(a)芘/(mg/kg)	<3	<3	<3	<3	<3		
	12	多氯代二苯并二噁英/多氯代二苯并呋喃（PCDD/PCDF 单位:ng; 毒性单位 mg /kg 干泥)	<100	<100	<100	<100	<100		

项次		检验项目	质量要求					检验方法	检验数量
			园林绿化		土地改良		工商业		
			酸性土（pH<6.5）	碱性土（pH≥6.5）	酸性土（pH<6.5）	碱性土（pH≥6.5）			
主控项目	13	可吸附有机卤化物（以 Cl 计）（mg/kg 干泥）	<500	<500	<500	<500	<500	试验检测	1000～5000m³为一个检测批次
	14	多氯联苯（PCBs）（mg/kg 干泥）	<0.2	<0.2	<0.2	<0.2	<0.2		
	15	挥发酚(mg/kg 干泥)	—	—	<40	<40	<40		
	16	总氰化物(mg/kg 干泥)	—	—	<10	<10	<10		
一般项目	1	pH 值	6.5～8.5	5.5～7.8	6.5～10	6.5～10	6.5～10		
	2	含水率/%	<40	<40	<60	<60	<40		
	3	总养分[总氮（以 N 计）＋总磷（以 P_2O_5 计）＋总钾（以 K_2O 计）]/%	≥3	≥3	≥1	≥1	—		
	4	有机质含量/%	≥25	≥25	≥10	≥10	—		
	5	粪大肠菌群菌值	>0.01	>0.01	>0.01	>0.01	>0.01		
	6	蠕虫卵死亡率/%	>95	>95	>95	>95	>95		

后　记

　　江湖淤泥固化处理技术在我国仍处于探索发展阶段，如何有效、高效地处理并资源化处理利用值得我们不断深入研究。江湖淤泥固化处理技术作为一种新型的淤泥处理技术目前处于高速发展阶段，固化处理技术涉及众多新型的机械设备和操作问题，需要我们在不断地完善技术的同时，提高固化处理技术设备系统的操作能力和加强淤泥固化处理质量控制水平。由于时间仓促和水平所限，本书在编撰过程中，不免存在种种不足或者错误，希望读者在参阅本书的同时，提出宝贵的意见，在本书修订的时候进行补充完善。